[redacted]

Einstern

Mathematik für Grundschulkinder

4

Themenheft 2

Addition und Subtraktion
bis 1 000 000

Größenbereich
Hohlmaße

Erarbeitet von
Roland Bauer
Jutta Maurach

In Zusammenarbeit
mit der
Cornelsen Redaktion
Grundschule

Cornelsen

[redacted] 4

Mathematik für Grundschulkinder
Themenheft 2

Addition und Subtraktion bis 1 000 000

Größenbereich Hohlmaße

Erarbeitet von:	Roland Bauer, Jutta Maurach
Redaktion:	Uwe Kugenbuch, Nadine Marx
Layout und technische Umsetzung:	lernsatz.de
Illustration:	Yo Rühmer
Umschlaggestaltung:	lernsatz.de

Pflichtseiten

Wahlseiten

besprechen – mit einem Partner oder in der Gruppe

Handlungshinweis

Aufgaben mit unterschiedlichen Anforderungsniveaus:

1 ausrechnen, ausführen, wiedergeben

1 erkennen, fortsetzen, anwenden

1 Lösungswege selbst entwickeln, darstellen, begründen und übertragen

→ AH Seite … Hinweis auf die passende Seite im Arbeitsheft

→ Ü Seite … Hinweis auf die passende Seite in den Übungssternchen

Aufgaben, die du in deinem Heft löst

www.cornelsen.de

Die Links zu externen Webseiten Dritter, die in diesem Lehrwerk angegeben sind, wurden vor Drucklegung sorgfältig auf ihre Aktualität geprüft. Der Verlag übernimmt keine Gewähr für die Aktualität und den Inhalt dieser Seiten oder solcher, die mit ihnen verlinkt sind.

1. Auflage, 1. Druck 2013

Alle Drucke dieser Auflage sind inhaltlich unverändert und können im Unterricht nebeneinander verwendet werden.

Druck: Stürtz GmbH, Würzburg

ISBN 978-3-06-082763-3

Inhalt gedruckt auf säurefreiem Papier aus nachhaltiger Forstwirtschaft.

Bildnachweis

17.1 picture-alliance/dpa/Deck (Karlsruhe)
17.2 picture-alliance/Bildagentur Huber/Schmid (Mainz)
17.3 picture-alliance/Bildagentur Huber/Gräfenhain (Wiesbaden)
17.4 picture-alliance/Bildagentur Huber/Klaes (Köln)
17.5 picture-alliance/dpa-Report/Ossinger (GAP 15)
32.1 Migrol AG (CH) (Tankwagen)
32.7 adpic (Spritze)
32.11 alimdi.net/Stefan Obermeier (Ölfass)
32.13 Liebherr AG (Kühlschrank)
Alle anderen **Seite 32**: Simone Lambert, Berlin

Bildredaktion: Peter Hartmann

Inhaltsverzeichnis

Wir addieren
und subtrahieren bis 1 000 000.
Außerdem lernst du die Einheiten
Liter und Milliliter
kennen.

Tausenderzahlen addieren und subtrahieren

1 Schreibe die einfache Aufgabe und das Ergebnis in dein Heft.

a) 340 000 + 55 000 = ☐
423 000 + 64 000 = ☐
517 000 + 30 000 = ☐
284 000 + 105 000 = ☐

b) 358 000 – 40 000 = ☐
963 000 – 58 000 = ☐
744 000 – 220 000 = ☐
562 000 – 352 000 = ☐

c) 114 000 + ☐ = 130 000
438 000 + ☐ = 660 000
817 000 + ☐ = 920 000
588 000 + ☐ = 700 000

d) 930 000 – ☐ = 912 000
753 000 – ☐ = 696 000
415 000 – ☐ = 304 000
344 000 – ☐ = 180 000

Seite 5 Aufgabe 1
a) 340 T + 55 T = 395 T
395 T = 395 000
⋮
b) …

2 Schreibe nur die Lösungszahlen in dein Heft.
Ergänze jeweils …

a) … zu 100 000	b) … zu 300 000	c) … zu 700 000	d) … zu 1 000 000
34 000	258 000	651 000	360 000
58 000	150 000	320 000	899 000
19 000	54 000	287 000	73 000
84 000	193 000	90 000	251 000

Seite 5 Aufgabe 2
a) 66 000
⋮
b) …

3 Schreibe die Tausenderzahlen mit Nullen und berechne die Kettenaufgaben.

a) 74T + 26T + 200T + 324T + 170T + 200T

b) 160T + 83T + 170T + 90T + 448T + 3T

c) 900T – 210T – 183T – 207T – 68T – 104T

d) 794T – 144T – 99T – 176T – 63T – 205T

Seite 5 Aufgabe 3
a) 74 000 + …
b) …

→ AH Seiten 14 und 15
→ Ü Seite 11

∗ übertragen ihre Kenntnisse und Fertigkeiten beim Addieren und Subtrahieren auf analoge Aufgaben im erweiterten Zahlenraum
∗ übertragen eine Darstellung in eine andere

Mit verwandten Aufgaben rechnen

1 Setze die Reihen fort. Schreibe sie in dein Heft. Bilde selbst weitere Reihen.

a)
5 + 4 =
50 + 40 =
500 + 400 =
⋮

b)
13 + 8 =
130 + 80 =
1 300 + 800 =
⋮

c)
21 − 6 =
210 − 60 =
2 100 − 600 =
⋮

d)
9 − 4 =
90 − 40 =
900 − 400 =
⋮

e)
84 − 35 =
840 − 350 =
8 400 − 3 500 =
⋮

Seite 6 Aufgabe 1
a) … b) …

2 Finde zu jedem Aufgabenpaar zuerst die einfache Analogieaufgabe.

a)
61 000 + 28 000 =
610 000 + 280 000 =

b)
5 700 − 1 300 =
570 000 − 130 000 =

c)
4 100 + 3 800 =
410 000 + 380 000 =

Seite 6 Aufgabe 2
a) 61 + 28 = 89
61 000 + 28 000 = 89 000
610 000 + 280 000 = 890 000
b) …

3 Schreibe jeweils die einfache Analogieaufgabe, die Kurzform sowie das Ergebnis in dein Heft.

a)
530 000 + 80 000
340 000 + 130 000
420 000 + 380 000
270 000 + 730 000

b)
810 000 − 70 000
350 000 − 120 000
415 000 − 40 000
265 000 − 150 000

Seite 6 Aufgabe 3
a) 53 + 8 = 61 b) …
530 T + 80 T = 610 T
610 T = 610 000
⋮

4 Finde zu jeder Aufgabe mindestens eine schwierige Analogieaufgabe und schreibe sie mit dem Ergebnis in dein Heft.

a) 7 + 12 b) 18 − 7 c) 119 + 20
d) 64 + 28 e) 35 − 18 f) 240 − 28

Seite 6 Aufgabe 4
a) … b) …

* finden weitere Aufgaben durch Fortsetzen von vorgegebenen Aufgabenreihen
* übertragen ihre Kenntnisse und Fertigkeiten auf analoge Aufgaben im erweiterten Zahlenraum
* nutzen die Analogiebildung als Lösungshilfe

→ AH Seite 16
→ Ü Seiten 12 und 13

Stellengerecht addieren und subtrahieren

1 Addiere im Kopf und notiere die Ergebnisse im Heft.
Der Zahlenschieber kann dir helfen.

a) +1	b) +10	c) +100	d) +1 000
527 619	527 619	527 619	527 619
817 560	817 560	817 560	817 560
209 040	209 040	209 040	209 040

e) +10 000	f) +100 000	g) +10 100	h) +110 000
527 619	527 619	527 619	527 619
817 560	817 560	817 560	817 560
209 040	209 040	209 040	209 040

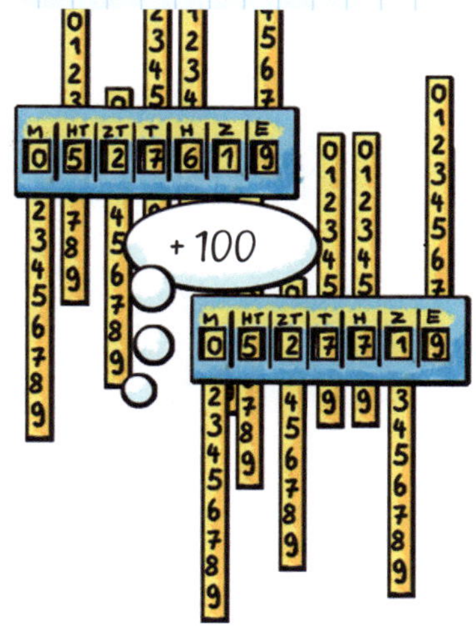

2 Subtrahiere im Kopf und notiere die Ergebnisse im Heft.
Der Zahlenschieber kann dir helfen.

a) −1	b) −10	c) −100	d) −1 000
765 429	765 429	765 429	765 429
436 785	436 785	436 785	436 785
325 937	325 937	325 937	325 937

e) −10 000	f) −100 000	g) −10 100	h) −110 000
765 429	765 429	765 429	765 429
436 785	436 785	436 785	436 785
325 937	325 937	325 937	325 937

3 Berechne die Ergebnisse und notiere sie im Heft.

a)	b)
10 + 1 =	100 000 − 1 =
100 + 1 =	10 000 − 1 =
1 000 + 1 =	1 000 − 1 =
10 000 + 1 =	100 − 1 =
100 000 + 1 =	10 − 1 =

c) Schreibe selbst eine Reihe auf.

→ AH Seiten 18, 19 und 20
→ Ü Seite 14

* nutzen Zahlbeziehungen und Strukturen des Zehnersystems beim stellengerechten Addieren und Subtrahieren sowie für vorteilhaftes Rechnen
* erkennen Strukturen und übertragen diese auf selbst gefundene Aufgabenreihen

Große Zahlen addieren

1 Addiere im Kopf und notiere die Ergebnisse im Heft.

a)
45 000 + 30 000 =
74 000 + 20 000 =
39 000 + 40 000 =
28 000 + 70 000 =
23 000 + 60 000 =

b)
29 400 + 60 000 =
61 500 + 30 000 =
57 300 + 40 000 =
73 425 + 20 000 =
34 257 + 50 000 =

Seite 8 Aufgabe 1
a) 7 5 0 0 0, … b) …

c)
235 000 + 40 000 =
827 000 + 60 000 =
536 000 + 40 000 =
784 000 + 10 000 =
653 000 + 30 000 =

d)
356 000 + 32 000 =
745 000 + 34 000 =
521 000 + 53 000 =
432 000 + 57 000 =
618 000 + 71 000 =

e)
308 000 + 200 000 =
514 000 + 300 000 =
452 000 + 500 000 =
283 000 + 700 000 =
639 000 + 100 000 =

f)
230 000 + 450 000 =
420 000 + 570 000 =
650 000 + 320 000 =
360 000 + 520 000 =
720 000 + 260 000 =

g)
456 200 + 300 000 =
528 100 + 200 000 =
653 400 + 300 000 =
718 600 + 100 000 =
354 700 + 500 000 =

h)
378 914 + 410 000 =
453 812 + 330 000 =
526 317 + 270 000 =
245 631 + 420 000 =
176 258 + 610 000 =

i)
385 247 + 203 000 =
252 405 + 406 000 =
183 726 + 504 000 =
472 318 + 207 000 =
614 932 + 105 000 =

k)
624 192 + 235 000 =
713 228 + 154 000 =
425 176 + 231 000 =
532 247 + 346 000 =
243 318 + 523 000 =

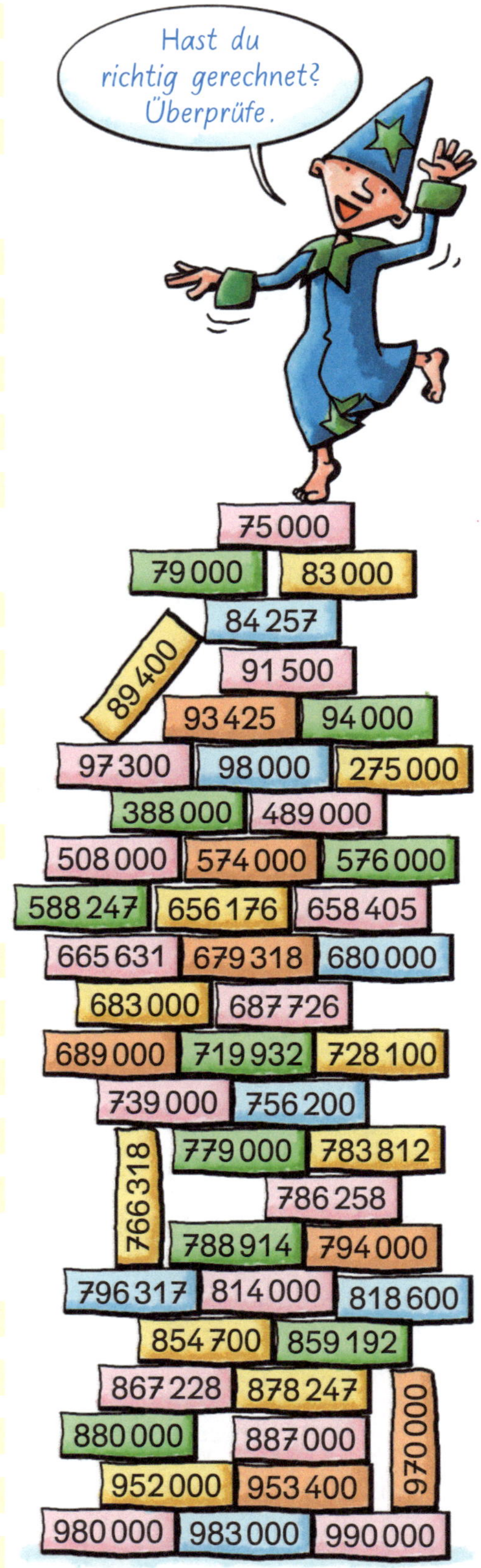

* übertragen ihre Kenntnisse und Fertigkeiten im schnellen Kopfrechnen bei der Addition auf analoge Aufgaben im erweiterten Zahlenraum

Große Zahlen subtrahieren

1 Subtrahiere im Kopf und notiere die Ergebnisse im Heft.
Überprüfe sie mit den Kontrollzahlen.

Seite 9 Aufgabe 1
a) 45000, … b) …

a)
75 000 – 30 000 =
92 000 – 50 000 =
84 000 – 60 000 =
39 000 – 20 000 =
68 000 – 40 000 =

b)
41 300 – 20 000 =
56 200 – 30 000 =
92 700 – 70 000 =
87 300 – 60 000 =
65 800 – 50 000 =

c)
375 000 – 50 000 =
486 000 – 60 000 =
793 000 – 40 000 =
864 000 – 20 000 =
957 000 – 30 000 =

d)
486 000 – 52 000 =
785 000 – 41 000 =
653 000 – 32 000 =
974 000 – 53 000 =
598 000 – 76 000 =

e)
806 000 – 300 000 =
743 000 – 500 000 =
678 000 – 400 000 =
421 000 – 200 000 =
556 000 – 100 000 =

f)
760 000 – 320 000 =
640 000 – 410 000 =
480 000 – 350 000 =
870 000 – 640 000 =
950 000 – 530 000 =

g)
976 325 – 600 000 =
786 453 – 500 000 =
825 671 – 300 000 =
642 925 – 400 000 =
431 752 – 200 000 =

h)
872 417 – 520 000 =
695 786 – 360 000 =
863 427 – 620 000 =
785 315 – 540 000 =
923 705 – 720 000 =

i)
536 243 – 302 000 =
658 576 – 405 000 =
785 416 – 302 000 =
872 508 – 501 000 =
927 326 – 604 000 =

k)
675 234 – 221 000 =
856 135 – 524 000 =
748 617 – 426 000 =
685 333 – 273 000 =
999 999 – 675 000 =

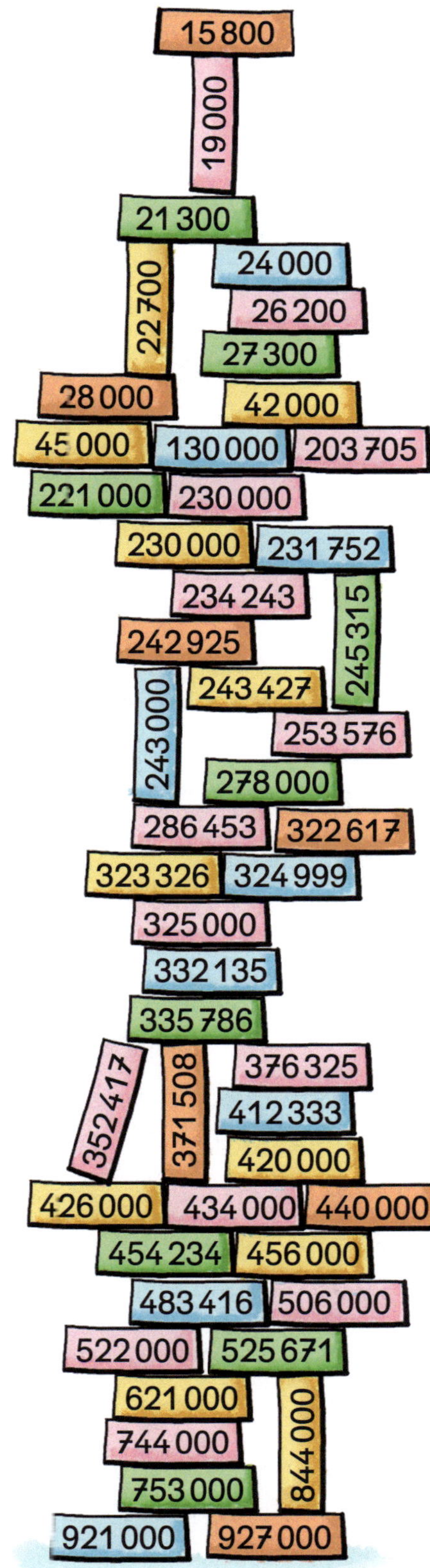

* übertragen ihre Kenntnisse und Fertigkeiten im schnellen Kopfrechnen bei der Subtraktion auf analoge Aufgaben im erweiterten Zahlenraum

Additionsaufgaben vereinfachen – Schneller rechnen

1 Schreibe zu jeder Aufgabe die vereinfachte Aufgabe mit Ergebnis in dein Heft.

a)
4526 + 97 =
7658 + 35 =
1617 + 193 =
1232 + 499 =

b)
20436 + 1900 =
87635 + 1700 =
43521 + 3800 =
68452 + 5980 =

Seite 10 Aufgabe 1
a) 4526 + 100 – 3 = 4623
⋮
b) …

2 Berechne und setze die Reihen fort.

a)
5680 + 10 =
5670 + 20 =
5660 + 30 =
⋮
5600 + 90 =

b)
41000 + 28000 =
42000 + 27000 =
43000 + 26000 =
⋮
49000 + 20000 =

Seite 10 Aufgabe 2
a) 5680 + 10 = 5690 b) …
⋮

c)
6950 + 20 =
6850 + 120 =
6750 + 220 =
⋮
6150 + 820 =

d) Was ist das Besondere an diesen Reihen?

e) Erkläre, weshalb das so ist.

f) Schreibe selbst eine solche Reihe auf.

3 Ordne die Zahlen so geschickt, dass du dann im Kopf rechnen kannst. Schreibe das Ergebnis in dein Heft.

a)
330 + 420 + 670 =
660 + 280 + 240 =
240 + 590 + 310 =

b)
5200 + 7900 + 4800 =
7400 + 7600 + 4700 =
1800 + 4700 + 3200 =

Seite 10 Aufgabe 3
a) 1420, … b) …

c)
30220 + 250 + 780 + 250 =
90900 + 1600 + 2400 + 3100 =
22100 + 840 + 160 + 900 =

* erkennen und nutzen Zahlbeziehungen bei der Addition zum vorteilhaften Rechnen
* stellen Vermutungen über mathematische Zusammenhänge an
* erklären Beziehungen und Gesetzmäßigkeiten an Beispielen und bestätigen diese mit eigenen Beispielen

→ AH Seite 20

Subtraktionsaufgaben vereinfachen – Schneller rechnen

1 Schreibe zu jeder Aufgabe die vereinfachte Aufgabe mit Ergebnis in dein Heft.

a) 6726 − 95 =
4867 − 59 =
2405 − 296 =
5813 − 698 =

b) 34526 − 1900 =
95417 − 2800 =
85658 − 3700 =
48325 − 5900 =

Seite 11 Aufgabe 1
a) 6726 − 100 + 5 = 6631
⋮
b) …

2 Berechne und setze die Reihen fort.

a) 3800 − 90 =
3790 − 80 =
3780 − 70 =
⋮
3720 − 10 =

b) 78000 − 26000 =
77000 − 25000 =
76000 − 24000 =
⋮
70000 − 18000 =

Seite 11 Aufgabe 2
a) 3800 − 90 = 3710 b) …
⋮

c) 4100 − 20 =
4200 − 120 =
4300 − 220 =
⋮
4900 − 820 =

d) Was ist das Besondere an diesen Reihen?

e) Erkläre, weshalb das so ist.

f) Schreibe selbst eine solche Reihe auf.

3 Ordne die Zahlen so geschickt, dass du dann im Kopf rechnen kannst. Schreibe das Ergebnis in dein Heft.

a) 940 − 250 − 120 − 250 =
870 − 320 − 110 − 180 =
790 − 210 − 160 − 190 =

b) 9500 − 600 − 260 − 400 =
6400 − 220 − 310 − 780 =
4700 − 110 − 390 − 200 =

Seite 11 Aufgabe 3
a) 320, … b) …

c) 82500 − 300 − 250 − 700 =
26700 − 120 − 880 − 400 =
93600 − 180 − 640 − 360 =

→ AH Seiten 21 und 22
→ Ü Seiten 15 und 16

* erkennen und nutzen Zahlbeziehungen bei der Subtraktion zum vorteilhaften Rechnen
* stellen Vermutungen über mathematische Zusammenhänge an
* erklären Gesetzmäßigkeiten an Beispielen und bestätigen diese mit eigenen Beispielen

Additionsaufgaben am Rechenstrich in Schritten lösen

32 417 + 7 532 = ☐

1 Wie rechnest du die Aufgabe 32 417 + 7 532? Vergleiche mit anderen Kindern.

Seite 12 Aufgabe 1
...

2 Rechne wie Tim.
Lies die Aufgaben am Rechenstrich ab. Schreibe die Rechenschritte auf.

Seite 12 Aufgabe 2
a) 46 723 + 30 000 + 4 000 + 200 + 60 + 5 = ...
b) ...

a) 46 723 + 34 265 = ☐

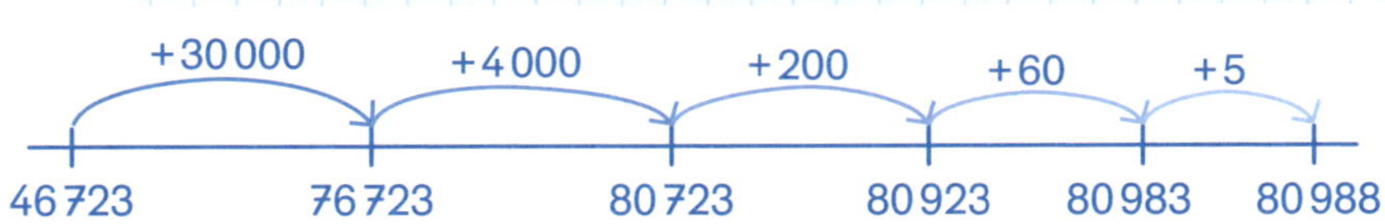

b) 354 716 + 65 274 = ☐

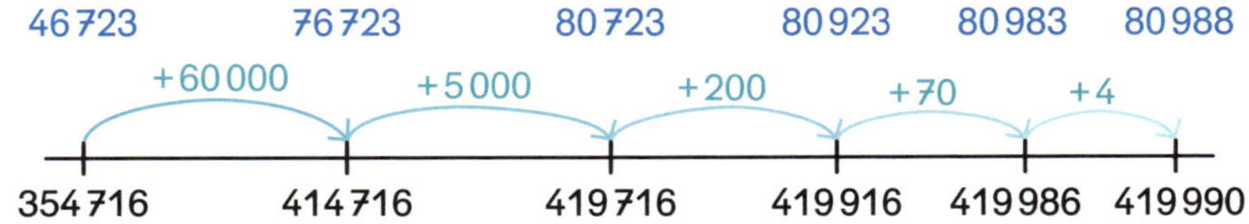

3 Rechne wie Lea.
Lies die Aufgaben am Rechenstrich ab. Schreibe die Rechenschritte auf.

Seite 12 Aufgabe 3
a) 54 231 + 5 + 60 + 300 + 8 000 + 20 000 = ...
b) ...

a) 54 231 + 28 365 = ☐

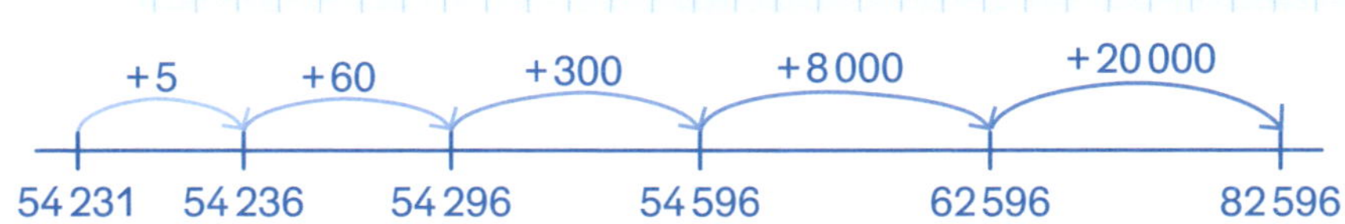

b) 763 426 + 52 719 = ☐

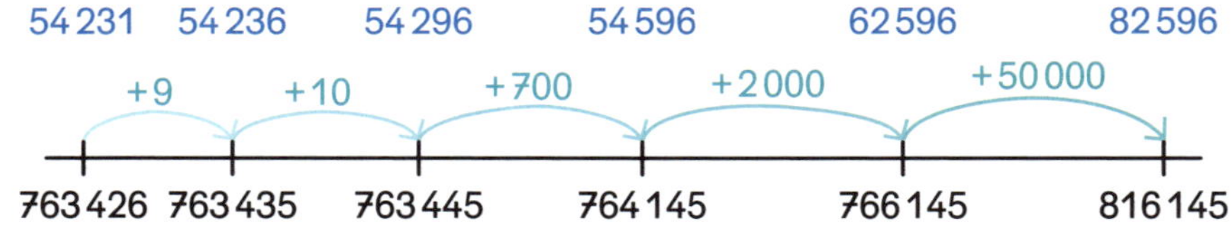

4 Rechne die Aufgaben in Schritten. Schreibe oder zeichne deinen Rechenweg auf. Überlege, ob du wie Tim oder Lea gerechnet hast.

a) 56 418 + 8 563 = ☐ b) 73 418 + 22 574 = ☐
c) 213 428 + 26 259 = ☐ d) 354 319 + 235 445 = ☐

Seite 12 Aufgabe 4
a) ... b) ...

* lösen Additionsaufgaben unter Ausnutzung von Zerlegungsstrategien
* stellen den Lösungsweg als Schrittfolge dar
* übertragen eine Darstellung in eine andere

→ AH Seite 23

Subtraktionsaufgaben am Rechenstrich in Schritten lösen

86 579 – 3 465 = ▢

1 Wie rechnest du die Aufgabe 86 579 – 3 465? Vergleiche mit anderen Kindern.

Seite 13 Aufgabe 1
...

2 Rechne wie Maja.
Lies die Aufgaben am Rechenstrich ab. Schreibe die Rechenschritte auf.

Seite 13 Aufgabe 2
a) 75 648 – 20 000 – 3 000 – 200 – 30 – 1 = ...
b) ...

a) 75 648 – 23 231 = ▢

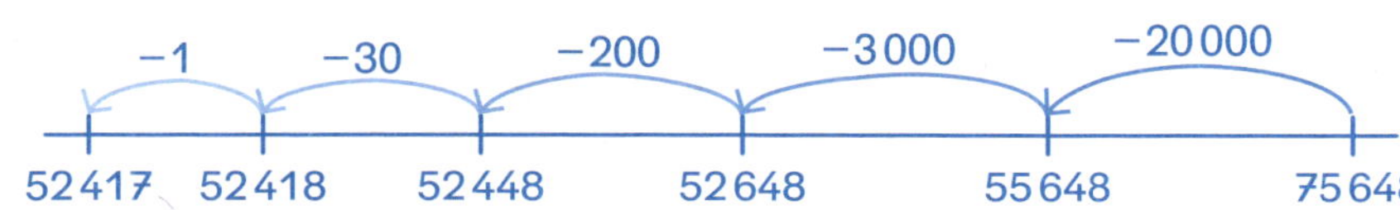

b) 184 659 – 61 325 = ▢

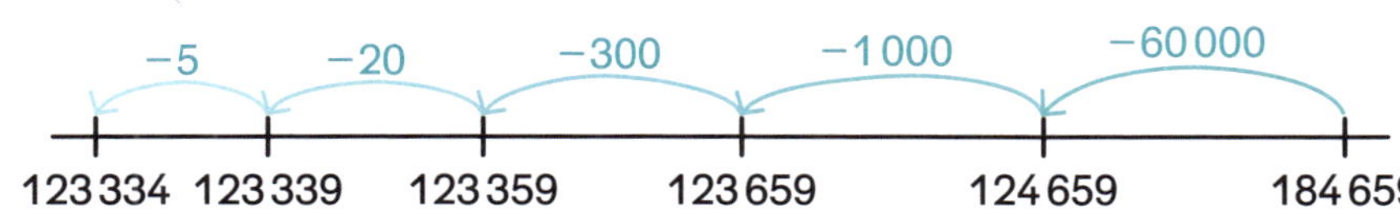

3 Rechne wie Paul.
Lies die Aufgaben am Rechenstrich ab. Schreibe die Rechenschritte auf.

Seite 13 Aufgabe 3
a) 83 794 – 2 – 50 – 600 – 1 000 – 50 000 = ...
b) ...

a) 83 794 – 51 652 = ▢

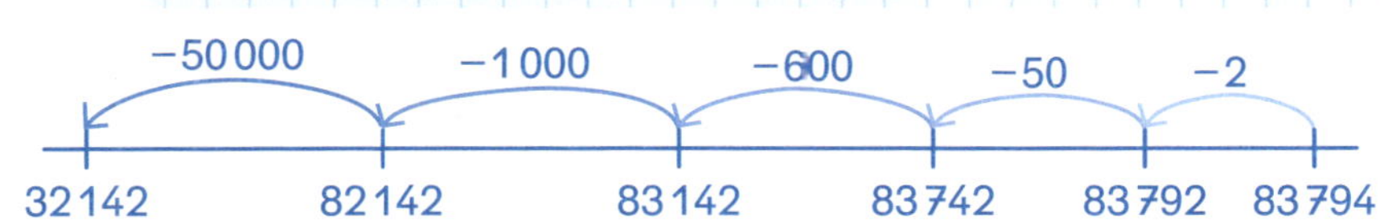

b) 697 854 – 72 631 = ▢

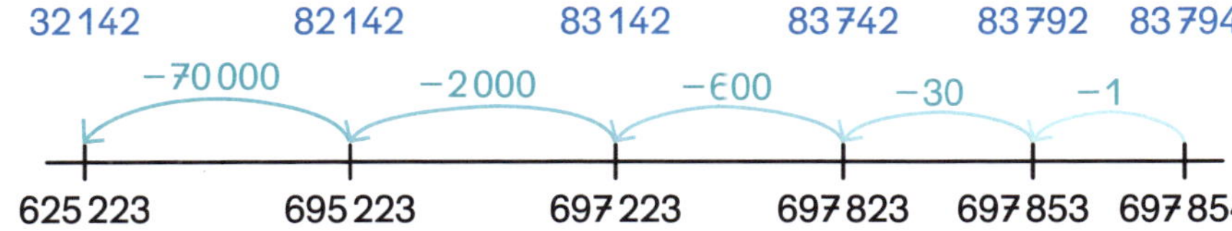

4 Rechne die Aufgaben in Schritten. Schreibe oder zeichne deinen Rechenweg auf.
Überlege, ob du wie Maja oder Paul gerechnet hast.

a) 56 784 – 4 573 = ▢ b) 93 857 – 71 543 = ▢
c) 259 486 – 41 263 = ▢ d) 784 756 – 531 426 = ▢

Seite 13 Aufgabe 4
a) ... b) ...

→ AH Seite 24

* lösen Subtraktionsaufgaben unter Ausnutzung von Zerlegungsstrategien
* stellen den Lösungsweg als Schrittfolge dar
* übertragen eine Darstellung in eine andere

Rechenschritte beim Addieren unterschiedlich notieren

1 Zeichne oder schreibe deinen Rechenweg auf verschiedene Arten in dein Heft.

Seite 14 Aufgabe 1
...

2 Rechne. Notiere deinen Rechenweg.
Schreibe auf, warum du diesen Rechenweg wählst.

a) 34342 + 7517 =
62534 + 22453 =
116229 + 32564 =
240506 + 54372 =

b) 416543 + 172352 =
362273 + 134124 =
851360 + 110000 =
210100 + 47576 =

Seite 14 Aufgabe 2
a) ... b) ...
⋮

3 Suche dir ein anderes Kind. Wählt eine Plusaufgabe auf dieser Seite aus. Nennt abwechselnd Möglichkeiten, in welchen Schritten ihr rechnen könnt.

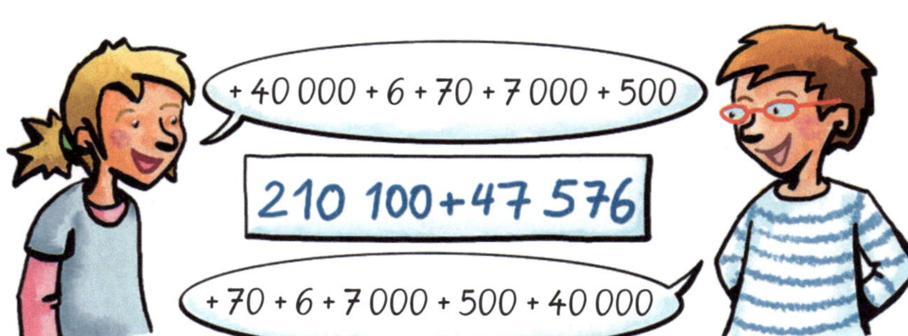

* lösen Additionsaufgaben mit Hilfe von Zerlegungsstrategien, stellen den Lösungsweg als Schrittfolge dar
* wechseln zwischen verschiedenen Darstellungsformen
* bearbeiten komplexere Aufgabenstellungen gemeinsam, kooperieren und kommunizieren

→ Ü Seite 17

Rechenschritte beim Subtrahieren unterschiedlich notieren

1 Zeichne oder schreibe deinen Rechenweg auf verschiedene Arten in dein Heft.

Seite 15 Aufgabe 1
...

2 Rechne. Notiere deinen Rechenweg.
Schreibe auf, warum du diesen Rechenweg wählst.

a)
56 895 – 4 563 =
284 743 – 51 421 =
598 675 – 4 558 =
99 999 – 6 764 =

b)
193 674 – 71 432 =
78 496 – 5 203 =
84 379 – 51 268 =
596 785 – 374 400 =

Seite 15 Aufgabe 2
a) ... b) ...
⋮

3 Suche dir ein anderes Kind. Wählt eine Minusaufgabe auf dieser Seite aus. Nennt abwechselnd Möglichkeiten, in welchen Schritten ihr rechnen könnt.

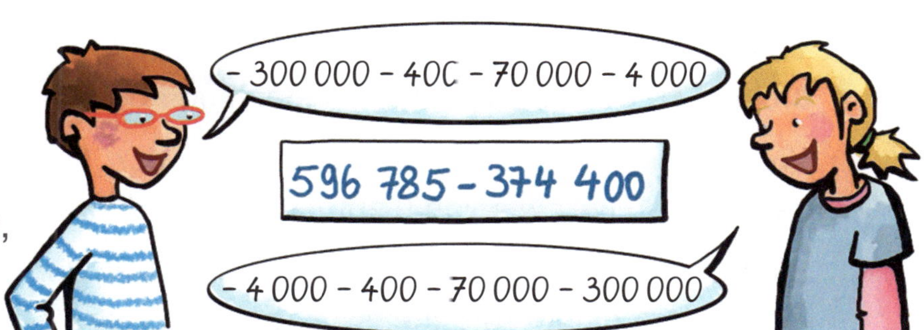

⋆ lösen Subtraktionsaufgaben mit Hilfe von Zerlegungsstrategien, stellen den Lösungsweg als Schrittfolge dar
⋆ wechseln zwischen verschiedenen Darstellungsformen
⋆ bearbeiten komplexere Aufgabenstellungen gemeinsam, kooperieren und kommunizieren

→ Ü Seite 18

Schrittweise ergänzen

1 Ergänze schrittweise über den nächsten Zehner, Hunderter, Tausender und Zehntausender zum nächsten Hunderttausender.

Zeichne oder schreibe in dein Heft.

a) 42 764

b) 14 743

c) 137 518

d) 226 945

e) 437 862

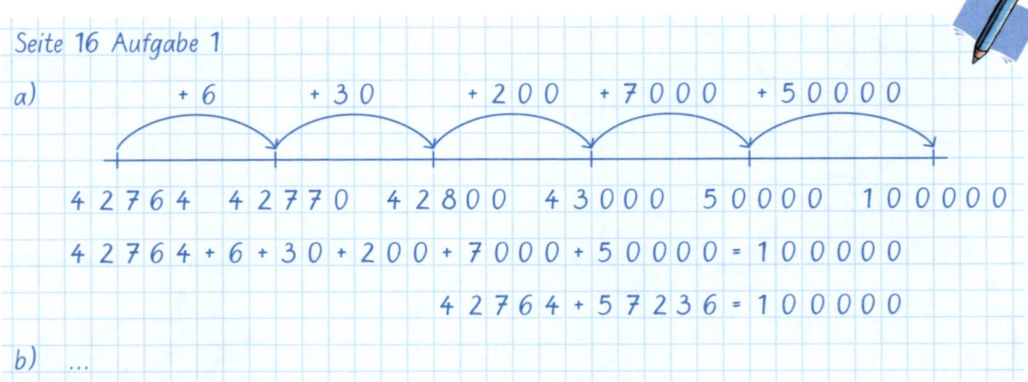

2 Finde jeweils passende Zahlen, die du in Schritten zu 1 000 000 ergänzen kannst. Schreibe oder zeichne wie in Aufgabe **1**.

a) in 2 Schritten b) in 3 Schritten c) in 4 Schritten

Seite 16 Aufgabe 2
a) ... b) ...

3 Finde jeweils passende Zahlen.

a) In sechs Schritten bis 1 000 000.
Verwende für jede Stelle der Startzahl die gleiche Ziffer.

b) In fünf Schritten bis 800 000.
Die Startzahl hat wieder nur gleiche Ziffern.

c) Start- und Zielzahl sind beliebig.
Die Zahlen der Schrittfolge bestehen nur aus den Ziffern 3, 4, 5, 6, 7, 8.

Seite 16 Aufgabe 3
a) ... b) ...

4 Überlege, welche Zahlen es sind.

a) Von der gedachten Zahl bis 100 000 ist es genauso weit wie von 0 zur gedachten Zahl.

b) Von der gedachten Zahl bis 100 000 ist es dreimal so weit wie von 0 zur gedachten Zahl.

c) Von der gedachten Zahl bis 1 000 000 ist es neunmal so weit wie von 0 zur gedachten Zahl.

d) Stelle deine Überlegungen und Lösungswege auf einem Plakat dar. Präsentiere deine Vorgehensweise der Klasse.

Seite 16 Aufgabe 4
a) ... b) ...

* übertragen ihre Kenntnisse von stellengerechtem Zerlegen und schrittweisem Rechnen auf Ergänzungsaufgaben
* probieren zunehmend systematisch und zielorientiert, nutzen die Einsicht in Zusammenhänge zur Problemlösung
* präsentieren ihre Überlegungen und Lösungswege

Auf verschiedene Stellen runden

1 Suche dir ein anderes Kind. Zeigt euch gegenseitig die Zahlen und ihre Nachbar-Hunderttausender am Zahlenstrahl. Entscheidet jeweils, welcher näher bei der Zahl liegt.

a) 30 000 b) 240 000 c) 370 000 d) 620 000
e) 150 000 f) 880 000 g) 760 000 h) 999 000

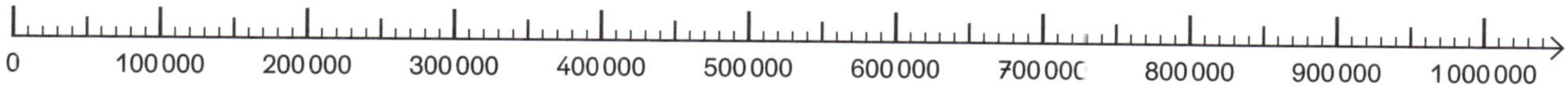

2 Lies am Zahlenstrahl ab, welche Zahlen jeweils genau in der Mitte liegen und schreibe sie in dein Heft.

a) zwischen 100 000 und 200 000
b) zwischen 400 000 und 800 000
c) zwischen 320 000 und 380 000
d) zwischen 800 000 und 1 000 000

Seite 17 Aufgabe 2
a) 150 000 b) ...

3 Am Rhein liegen viele Städte. Betrachte die folgenden (Stand: Ende 2011).

Karlsruhe
297 488

Mainz
199 215

Wiesbaden
278 919

Köln
1 017 155

Düsseldorf
592 393

a) Suche die Städte auf einer Landkarte.
b) Schreibe die Städte geordnet nach ihren Einwohnerzahlen auf.
c) Suche die Einwohnerzahlen am Zahlenstrahl. Runde die Zahlen auf Zehntausender und Hunderttausender. Schreibe auf.

Seite 17 Aufgabe 3
b) ...
c)

Einwohner	gerundet auf ZT	gerundet auf HT
Mainz		
199 215	200 000	200 000
...	⋮	⋮

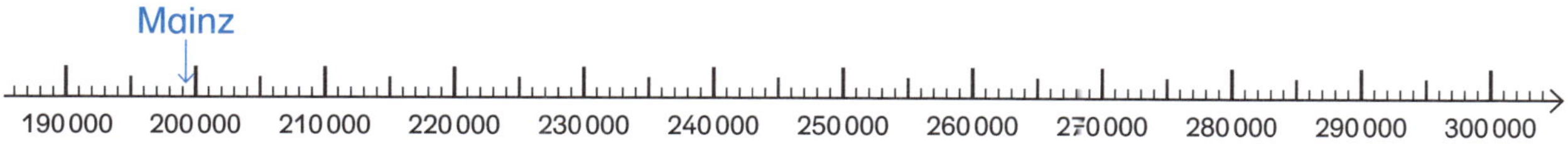

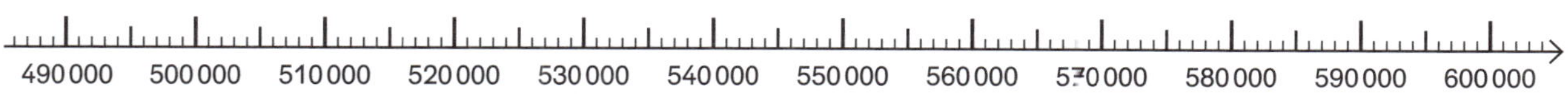

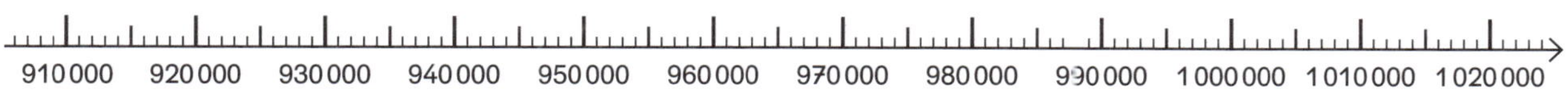

⋆ nutzen Beziehungen zwischen Zahlen beim Runden unter Verwendung des Zahlenstrahls als Anschauungsmittel
⋆ bearbeiten Aufgabenstellungen gemeinsam, kooperieren und kommunizieren

Zahlen runden und Überschlagsrechnungen finden

1 Lege eine Tabelle an und runde folgende Zahlen auf Tausender, auf Zehntausender und auf Hunderttausender.

324 916, 582 642, 765 721, 193 498, 806 054

Seite 18 Aufgabe 1

Zahl	T	ZT	…
324 916	325 000	…	…
⋮	⋮	⋮	⋮
…			

2 Hier wurden Zahlen gerundet. Welche könnten es gewesen sein? Schreibe immer die kleinstmögliche und die größtmögliche auf.

a) ☐ ≈ 43 100
☐ ≈ 59 700
☐ ≈ 26 800
☐ ≈ 95 600

b) ☐ ≈ 340 000
☐ ≈ 710 000
☐ ≈ 500 000
☐ ≈ 990 000

Seite 18 Aufgabe 2

a) 43 050 ≈ 43 100 b) …
43 149 ≈ 43 100
⋮

3 Runde auf Tausender und rechne im Kopf. Notiere das Ergebnis dieser Überschlagsrechnung.

a) 4826 + 3184
7895 – 4050
2672 + 5724

b) 17 628 + 6412
162 413 + 2020
275 817 – 3497

Seite 18 Aufgabe 3

a) 8000 b) …
⋮

4 Überschlage und gib an, zwischen welchen beiden Tausendern das Ergebnis liegt. Überlege, auf welche Stelle du runden musst.

a) 1292 + 3425
7812 – 2576
5574 – 2493

b) 14 820 – 8473
154 621 + 21 306
110 912 – 104 125

Seite 18 Aufgabe 4

a) zwischen 4000 und 5000 b) …
⋮

5 Runde sinnvoll und schreibe Überschlagsrechnungen auf.

a) 1436 + 25 921
27 402 – 27 236
78 267 – 16 874
29 362 + 18 425

b) 6020 + 241 + 13 235
90 080 – 19 812 – 34 871
22 431 + 7503 + 30 143
84 293 – 22 020 + 40 125

Seite 18 Aufgabe 5

a) 1000 + 26 000 = 27 000
⋮
b) …

⋆ übertragen Vorgehensweisen auf ähnliche Sachverhalte
⋆ nutzen die Einsicht in Zusammenhänge zur Problemlösung
⋆ geben die ungefähre Größenordnung von Ergebnissen der Aufgaben im erweiterten Zahlenraum an

→ Ü Seite 19

Schriftlich addieren

1 Bilde aus den Ziffern 1 2 3 4 5 6 7 8 9 0 jeweils zwei fünfstellige Zahlen und addiere sie.

a) Finde mindestens drei verschiedene Aufgaben. Addiere schriftlich wie Einstern.

Seite 19 Aufgabe 1
a) … b) …

b) Bilde eine Aufgabe mit dem kleinstmöglichen Ergebnis.

c) Bilde eine Aufgabe mit dem größtmöglichen Ergebnis.

d) Bilde Aufgaben, deren Ergebnisse möglichst nah bei 50 000 liegen.

e) Bilde weitere Aufgaben, deren Ergebnisse nah bei einer von dir selbst bestimmten Zahl liegen.

2 Schreibe in die Stellentafel und addiere schriftlich.

a) 37 485 + 28 795 + 10 457

b) 4 963 + 128 415 + 777 777

c) 78 367 + 215 970 + 468

Wenn du mehrere Zahlen schriftlich addierst, kannst du vereinfacht nur ein Pluszeichen schreiben.

Seite 19 Aufgabe 2

a)

	ZT	T	H	Z	E
	3	7	4	8	5
	2	8	7	9	5
+	1	0	4	5	7
					…

b) …

3 Schreibe die Zahlen stellengerecht untereinander und addiere schriftlich.

a) 54 719 + 26 583 + 12 963

b) 12 916 + 45 759 + 9 895

c) 465 315 + 193 407 + 200 200

d) 9 457 + 154 716 + 370 815 + 96 510

e) 315 418 + 185 457

Seite 19 Aufgabe 3

a)

	5	4	7	1	9
	2	6	5	8	3
+	1	2	9	6	3
				1	
				…	5

b) …

→ AH Seite 25
→ Ü Seite 20

⋆ probieren zunehmend systematisch und nutzen dabei die Einsicht in Zusammenhänge
⋆ übertragen ihre bisherigen Kenntnisse beim schriftlichen Addieren auf den erweiterten Zahlenraum

Schriftliches Addieren üben

1 Wähle Zahlen aus und bilde mindestens fünf Additionsaufgaben. Addiere schriftlich.

3859 · 154 713 · 719 · 568 468 · 254 740 · 510 400 · 876 543 · 309 588 · 453 549

Seite 20 Aufgabe 1
...

2 Bilde aus den Zahlen mindestens fünf Additionsaufgaben. Die Summe soll jeweils zwischen 600 000 und 700 000 liegen.

230 415 · 8490 · 123 587 · 88 888 · 607 590 · 437 518 · 98 504 · 195 399 · 143 341

Seite 20 Aufgabe 2
...

3 Berechne alle Zwischenergebnisse und das Endergebnis. Überprüfe dein Endergebnis, indem du alle Zahlen noch einmal in einer Rechnung ohne Zwischenergebnisse addierst.

a) 8516 $\xrightarrow{+17\,488}$ □ $\xrightarrow{+153\,510}$ □ $\xrightarrow{+\ \ 987}$ □

b) 34 004 $\xrightarrow{+10\,599}$ □ $\xrightarrow{+477\,477}$ □ $\xrightarrow{+\ \ 798}$ □

c) 300 499 $\xrightarrow{+\ 9999}$ □ $\xrightarrow{+123\,456}$ □ $\xrightarrow{+40\,009}$ □

Seite 20 Aufgabe 3

```
a)      8 5 1 6        b) ...
    + 1 7 4 8 8
      1 1 1 1
    -----------
      2 6 0 0 4

      2 6 0 0 4
    + ...
      ⋮
```

4 Bestimme die fehlenden Ziffern und schreibe die Aufgaben in dein Heft.

```
a)    2 □ 3 6        b)   3 9 2 8 □        c)   □ 3 □ □ 5 4
    + □ 4 □ □           + □ 6 □ 6 3           + 1 □ 2 5 □ □
      1 1 1                 1   1                 1 1 1   1
    ---------           -----------           -------------
      7 1 3 3               7 □ 3 □ 9             5 1 0 3 7 0

d)    3 □ 7 □ 1 □    e)   4 8 2 5 1 8      f)     □ □ 5 □ 7
    + □ 3 5 4 □ 8       +   □ 7 □ 9 □         +   5 8 □ 9 □
    -------------       -------------         -------------
      6 5 □ 4 8 0           □ 7 □ 6 □ 6           □ 2 2 0 1 6
```

Seite 20 Aufgabe 4
a) ... b) ...

⭑ übertragen ihre Kenntnisse und Vorgehensweisen auf komplexere Aufgabenstellungen
⭑ führen die schriftliche Addition sicher aus

Schriftlich subtrahieren

1 Übertrage die Aufgaben in dein Heft und berechne das Ergebnis auf deine Art.

a) 8124 − 4013

b) 7029 − 4265

c) 9473 − 4198

d) 41937 − 38715

e) 74623 − 43789

f) 532021 − 213805

Seite 21 Aufgabe 1

a) 8124 − 4013 = 4111

b) ...

2 Schreibe die Zahlen stellengerecht untereinander und bestimme jeweils das Ergebnis.

a) 9476 − 549
71623 − 654
60412 − 58
7916 − 69

b) 348217 − 21745
86324 − 5802
926483 − 434261
23607 − 7856

Seite 21 Aufgabe 2

a) 9476 − 549 = ...

b) ...

→ AH Seite 26
→ Ü Seite 21

* übertragen ihre bisherigen Kenntnisse beim schriftlichen Subtrahieren auf den erweiterten Zahlenraum

Schriftliches Subtrahieren üben

1 Wähle Zahlen aus und berechne die Differenz (den Unterschied) von mindestens fünf Zahlenpaaren.

Seite 22 Aufgabe 1
…

4098 | 71562 | 152416 | 78 | 9045 | 536 | 9999

2 Berechne die Ergebnisse der Subtraktionsaufgaben. Bilde jeweils eine weitere Aufgabe mit gleichem Aufbau, die in die Reihe passt.

a)
$$\begin{array}{r} 745213 \\ -312547 \\ \hline \end{array} \qquad \begin{array}{r} 948132 \\ -231849 \\ \hline \end{array} \qquad \begin{array}{r} 426081 \\ -180624 \\ \hline \end{array}$$

b)
$$\begin{array}{r} 873521 \\ -378125 \\ \hline \end{array} \qquad \begin{array}{r} 421593 \\ -124395 \\ \hline \end{array} \qquad \begin{array}{r} 695372 \\ -596273 \\ \hline \end{array}$$

c)
$$\begin{array}{r} 428391 \\ -243819 \\ \hline \end{array} \qquad \begin{array}{r} 726948 \\ -279684 \\ \hline \end{array} \qquad \begin{array}{r} 642713 \\ -467231 \\ \hline \end{array}$$

Seite 22 Aufgabe 2
a)
$$\begin{array}{r} 745213 \\ -312547 \\ \hline \ldots \end{array}$$
⋮
b) …

3 Übertrage die Aufgaben in dein Heft und setze die fehlenden Ziffern ein.

a)
$$\begin{array}{r} 234\square\square \\ -21\square57 \\ \hline \square342 \end{array}$$

b)
$$\begin{array}{r} 100000 \\ -\ \square562\square \\ \hline 6\square\square\square7 \end{array}$$

c)
$$\begin{array}{r} 70122\square \\ -2\square92\square9 \\ \hline \square9\square949 \end{array}$$

Seite 22 Aufgabe 3
a) … b) …

4 Zwei Aufgaben haben das gleiche Ergebnis.

a) Überlege, welche beiden Aufgaben das sind. Schreibe sie in dein Heft.

12345 − 9876 = □ 82493 − 30866 = □
78735 − 42271 = □ 42876 − 14548 = □
72523 − 36204 = □ 40964 − 4500 = □

Seite 22 Aufgabe 4
a) … b) …

b) Überprüfe deine Vermutung, indem du die Lösungen der Aufgaben bestimmst.

⭑ stellen Vermutungen über mathematische Zusammenhänge und Auffälligkeiten an und überprüfen diese
⭑ entdecken Strukturen in vorgegebenen Aufgaben und übertragen diese auf selbst gefundene Aufgaben
⭑ führen die schriftliche Subtraktion sicher aus

Zahlenrätsel und Knobeleien lösen

1 38 456 | 17 452 | 8 432 | 12 572 | 5 627 | 32 463

Schreibe passende Rechnungen auf.

a) Addiere drei Zahlen so, dass sich die größtmögliche Summe ergibt.

b) Subtrahiere die kleinste von der größten Zahl.

c) Addiere alle ungeraden Zahlen.

d) Berechne die kleinstmögliche Differenz.

e) Finde zwei Zahlenpaare. Die Summe des einen Paares soll genauso groß sein wie die Differenz des anderen Zahlenpaares.

Seite 23 Aufgabe 1
a) … b) …

2 Bei beiden Aufgaben stehen gleiche Zeichen für gleiche Ziffern. Suche für jedes Zeichen die passende Ziffer.

a)
```
  □◫○△
+ ◫□△□
------
  ⊠⊠◫⊙
```

b)
```
  ◫□⊙⊠
− □○△◫
------
  □○□□
```

Seite 23 Aufgabe 2
…

3 Schreibe zu den Zahlenrätseln passende Rechenaufgaben auf und finde die Zahlen.

a) Meine Zahl ist um 3 500 größer als die Differenz der Zahlen 12 475 und 19 786.

b) Wenn ich zu meiner Zahl zuerst 8 475 und anschließend 36 517 addiere, erhalte ich 64 992.

c) Wenn ich zur Differenz der Zahlen 32 760 und 56 420 meine Zahl addiere, erhalte ich 50 000.

d) Subtrahiere von der größten geraden vierstelligen Zahl 3 000, dann erhältst du meine Zahl.

e) Meine Zahl ist die Differenz aus der größten vierstelligen und der kleinsten vierstelligen Zahl.

f) Meine Zahl erhältst du, wenn du die größte und die kleinste Zahl addierst, die du aus den Ziffern 2, 4, 9 bilden kannst.

Seite 23 Aufgabe 3
a) … b) …

⋆ entnehmen Problemstellungen die für die Lösung relevanten Informationen
⋆ probieren zunehmend systematisch und nutzen die Einsicht in Zusammenhänge zur Problemlösung
⋆ lösen Zahlenrätsel unter Verwendung von Fachbegriffen

Additionsaufgaben überprüfen

1 Überschlage und stelle so fest, welches Ergebnis stimmen könnte.

a)	b)	c)
45836	8926	374002
51483	5093	25982
+ 12917	+ 17849	+ 108612
A 110236	A 28868	A 508596
B 131236	B 31868	B 400596
C 86236	C 36868	C 580596

Seite 24 Aufgabe 1
a) A b) ...

2 Überschlage und finde so die Aufgaben mit falschem Ergebnis.

a)	b)	c)
354287	572084	384746
+ 508627	+ 193726	+ 185946
862914	665700	469682

d) Welche Fehler wurden gemacht? Beschreibe sie im Heft.

Seite 24 Aufgabe 2
Falsch: ... d) ...

3 Rechne im Heft und kontrolliere mit der Umkehraufgabe.

a)	b)	c)
5264	17385	34783
+ 3259	+ 9708	+ 18676

d)	e)	f)
153497	278361	839557
+ 382605	+ 614029	+ 64375

Seite 24 Aufgabe 3
a) 5264 + 3259 = ... − 3259 = ...
b) ...

⁎ überprüfen Ergebnisse durch Überschlagsrechnung und Umkehraufgabe auf ihre Angemessenheit, finden Fehler, reflektieren und beschreiben diese
⁎ kategorisieren unterschiedliche Fehlerquellen und beschreiben diese

1 Überschlage und stelle so fest, welches Ergebnis stimmen könnte.

a) 274519 − 120385
A 54124
B 154134
C 394114

b) 691477 − 30985
A 560492
B 722452
C 660492

c) 763548 − 250780
A 312768
B 412768
C 512768

Seite 25 Aufgabe 1
a) … b) …

2 Überschlage und finde die Aufgaben mit falschem Ergebnis.

a) 694180 − 468212 = 125968

b) 850477 − 776679 = 173798

c) 523807 − 391295 = 132512

Seite 25 Aufgabe 2
…

3 Prüfe alle Ergebnisse, indem du die Umkehraufgabe rechnest. Berechne Aufgaben mit falschem Ergebnis neu.

a) 34716 − 28529 = 6187

b) 268534 − 107810 = 161724

c) 356418 − 208500 = 152118

d) 1000000 − 457891 = 653219

e) 466513 − 212488 = 254025

f) 355444 − 66888 = 311444

Seite 25 Aufgabe 3
a) 6187 + 28529 (Übertrag 1 1 1) = 34716 richtig
b) …

g) Stelle fest, welche Fehler gemacht wurden. Beschreibe sie im Heft.

* überprüfen Ergebnisse durch Überschlagsrechnung und Umkehraufgabe auf ihre Angemessenheit, finden Fehler, reflektieren und beschreiben diese
* kategorisieren unterschiedliche Fehlerquellen und beschreiben diese

→ Ü Seite 22

Geldbeträge in Kommaschreibweise addieren und subtrahieren

	€	10 ct	1 ct
2,40 € =	2	4	0
0,85 € =	0	8	5
1,25 € =	1	2	5

Beim schriftlichen Rechnen müssen die Kommas genau untereinanderstehen.

Euro unter Euro, Cent unter Cent.

1 Erstelle selbst mindestens drei Rechnungen für Einkäufe von jeweils zwei oder mehr Gegenständen.

Seite 26 Aufgabe 1
...

2 Berechne für deine Einkäufe aus Aufgabe **1** das Rückgeld, wenn du nur mit Scheinen bezahlst. Rechne schriftlich.

Seite 26 Aufgabe 2
Betrag Rechnung 1: ...
Gegeben: ...
⋮
Rückgeld: ...

3 Schreibe die Beträge stellengerecht untereinander und bestimme jeweils den Gesamtbetrag.

a) 76,29 € + 18,99 € + 0,95 €

b) 3 153,90 € + 408,39 € + 75,69 €

c) 3,75 € + 120,59 € + 82,95 €

d) 104,20 € + 0,80 € + 49,95 €

Seite 26 Aufgabe 3

a)

```
  76,29 €
  18,99 €
+  0,95 €
---------
     ...€
```

b) ...

4 Schreibe zu mindestens einer Rechnung aus Aufgabe **3** eine Rechengeschichte. Bitte ein anderes Kind, die Aufgabe zu lösen.

Seite 26 Aufgabe 4
...

* übersetzen Problemstellungen aus Sachsituationen in ein mathematisches Modell und lösen sie
* finden zu mathematischen Modellen passende Sachsituationen und eigene Frage- und Problemstellungen
* addieren Kommazahlen stellengerecht

→ AH Seite 27

Tim und Lea möchten wissen, wie schwer ihre Tasche wirklich ist und rechnen:

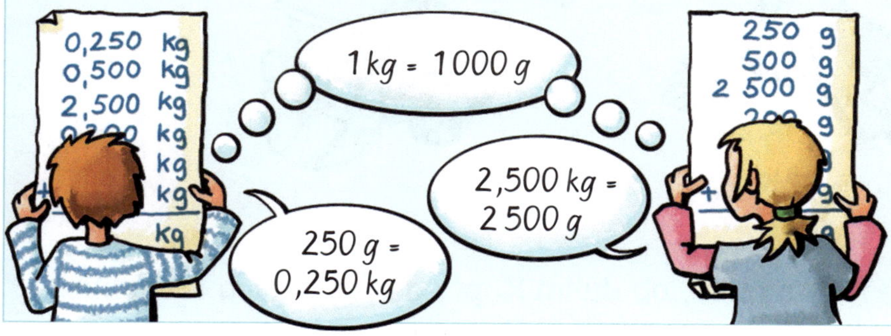

1 Berechne das Gewicht der Tasche …

a) … in kg wie Tim.

b) … in g wie Lea.

Seite 27 Aufgabe 1

a) 0,250 kg b) …
0,500 kg
⋮

2 Addiere schriftlich. Wandle vorher in eine Einheit um.

a) 500 g + 3,500 kg + 5 g + 8,010 kg + 116 g

b) 4,90 € + 95 ct + 9 € + 5,31 € + 9 ct + 17,84 €

c) 4 640 cm + 13,81 m + 470 cm + 38 cm + 1 570 cm

Seite 27 Aufgabe 2

a) … b) …

3 Oles Mutter schaut zu, wie der Handwerker die Spülmaschine repariert. „Für die Arbeit benötige ich mindestens eine Stunde. Pro Stunde berechne ich 49 €.
Das Ersatzteil kostet 114,95 €.
Die An- und Abfahrt kostet 28 €."

Berechne, wie viel die Reparatur mindestens kosten wird.

Seite 27 Aufgabe 3

…

Die Reparatur …

* übersetzen Problemstellungen aus Sachsituationen in ein mathematisches Modell und lösen sie
* geben Größenangaben in unterschiedlichen Maßeinheiten und Schreibweisen an
* rechnen mit Größen, auch mit Kommazahlen

→ Ü Seite 23

Im Kopf oder schriftlich rechnen

1 Entscheide zunächst bei jeder Aufgabe, ob du im Kopf oder schriftlich rechnest. Schreibe entweder nur das Ergebnis oder die ganze Rechnung auf.

a)
92 100 − 5 000 =
79 050 − 748 =
45 876 − 5 998 =
84 382 + 12 410 =
64 298 + 34 564 =
100 000 − 39 900 =

b)
872 600 − 350 300 =
743 217 − 743 210 =
413 015 + 399 999 =
524 817 − 147 329 =
620 000 + 240 500 =
283 605 + 497 019 =

Seite 28 Aufgabe 1
a) … b) …

2 Bei welchen Aufgaben entscheidest du dich dafür, im Kopf zu rechnen? Wann rechnest du schriftlich?

Besprich und vergleiche dein Vorgehen mit dem anderer Kinder.

3 Stelle selbst eine kleine Aufgabensammlung zusammen …

a) … mit Aufgaben, die du im Kopf löst.

b) … mit Aufgaben, die du schriftlich löst.

Seite 28 Aufgabe 3
a) … b) …

* nutzen aufgabenbezogen eine passende Strategie des Zahlenrechnens oder ein schriftliches Verfahren
* bearbeiten komplexere Aufgabenstellungen gemeinsam, erklären Beziehungen und Gesetzmäßigkeiten und vollziehen Begründungen anderer nach

Gerundete und genaue Zahlenangaben vergleichen

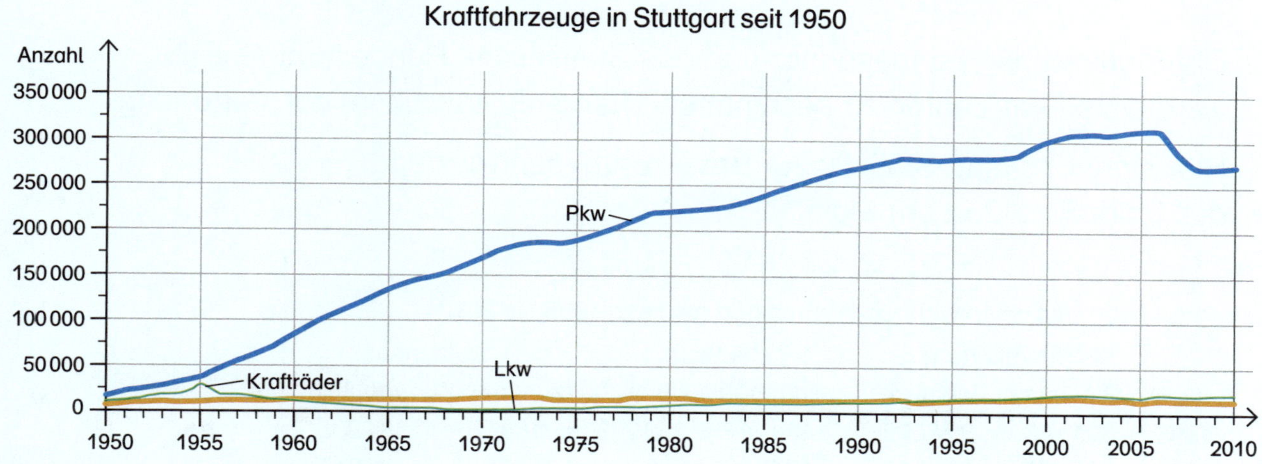

Quelle: Landeshauptstadt Stuttgart, Statistisches Amt

1 Lies im Schaubild die jeweiligen Zahlen auf Zehntausender gerundet ab und beantworte die folgenden Fragen.

a) Um wie viel stieg die Zahl der Pkw ungefähr zwischen 1950 und 2010?

b) In welchem Jahr waren die meisten Krafträder angemeldet? Wie viele waren das ungefähr?

c) In welchem Jahrzehnt stieg die Zahl der zugelassenen Pkw am meisten? Um wie viel?

d) Notiere selbst weitere Vergleiche und Informationen, die du dem Schaubild entnehmen kannst.

Seite 29 Aufgabe 1
a) ... b) ...

2

Jahr	Kfz insgesamt	Pkw	Lkw	Kraftrad	KFZ pro 1 000 Einwohner
2006	351 461	311 543	13 606	20 137	631
2007	323 967	286 100	12 886	19 352	579
2008	308 101	271 463	12 290	19 132	549
2009	307 109	270 014	12 309	19 697	547
2010	310 516	272 684	12 309	19 697	549

a) Schreibe auf, welche Angaben der Tabelle du dem Schaubild in Aufgabe 1 nicht direkt entnehmen kannst.

Seite 29 Aufgabe 2
a) ... b) ...

b) Schreibe mindestens fünf Vergleiche wie in Aufgabe 1 mit genauen Zahlenangaben auf. Vergleiche deine Ergebnisse mit denen anderer Kinder. Überlegt gemeinsam, welche Bedeutung und Auswirkung diese Entwicklung hat.

* entnehmen Diagrammen und Tabellen die für die Lösung relevanten Daten und ziehen sie zur Lösung von Fragestellungen heran
* stellen gemeinsam Vermutungen über Zusammenhänge und Auffälligkeiten an

1 Die Statistischen Landesämter und das Statistische Bundesamt stellen viele Listen mit Zahlen zu bestimmten Themen (Statistiken) zur Verfügung.

Hier siehst du eine Statistik zur Bevölkerungsentwicklung der Stadt Frankfurt am Main.

Einwohnerinnen und Einwohner mit Hauptwohnsitz in Frankfurt am Main 1995 bis 2010

Jahr	Bevölkerung insgesamt	Bevölkerung weiblich	Deutsche zusammen	Deutsche weiblich	Ausländer zusammen	Ausländer weiblich
1995	631 198	324 068	443 141	239 233	188 057	84 835
1996	630 165	323 607	443 188	238 260	186 977	85 347
1997	626 380	321 048	441 675	236 477	184 705	84 571
1998	624 447	319 790	442 335	236 035	182 112	83 755
1999	620 791	317 043	440 830	234 446	179 961	82 597
2000	624 980	318 669	444 645	235 578	180 335	83 091
2001	619 443	316 366	448 269	236 298	171 174	80 068
2002	622 460	317 835	451 958	237 252	170 502	80 583
2003	623 350	318 878	455 082	238 323	168 268	80 555
2004	625 206	319 734	459 606	239 913	165 600	79 821
2005	630 423	321 955	462 277	240 453	168 146	81 502
2006	632 206	323 365	469 532	243 398	162 674	79 967
2007	636 746	325 512	474 221	245 317	162 525	80 195
2008	641 153	327 555	479 756	247 550	161 397	80 005
2009	648 451	330 948	485 195	249 877	163 256	81 071
2010	656 427	334 540	491 545	252 903	164 882	81 637

Quelle: Statistisches Jahrbuch Frankfurt am Main 2011

a) Um wie viel nahm die Bevölkerungszahl zwischen 2000 und 2010 zu?

b) Wie viele männliche Einwohner hatte Frankfurt 2010?

c) Hatte Frankfurt 2010 mehr weibliche oder mehr männliche Bewohner?

d) Wie viele männliche ausländische Bürger lebten 1995 mehr in Frankfurt als weibliche ausländische Bürgerinnen?

e) Wie groß war der Unterschied zwischen der Anzahl der deutschen und der Anzahl der ausländischen Einwohner im Jahr 2010?

f) Suche selbst weitere Fragestellungen. Berechne und stelle deine vergleichenden Angaben übersichtlich dar. Hänge deine Ergebnisse in der Klasse auf.

2 Finde im Internet aktuelle Zahlen zu einer großen Stadt in deiner Nähe oder zur Landeshauptstadt deines Bundeslandes.

Suchen kannst du z. B. bei www.google.de oder www.wikipedia.de unter den Stichworten „Statistik" oder „Einwohnerzahl" und dem Namen deiner Stadt.

* entnehmen einer Tabelle die für die Lösung relevante Daten und ziehen sie zur Lösung von Fragestellungen heran
* finden zu gegebenen mathematischen Modellen passende Fragestellungen und Lösungen
* recherchieren zu vorgegebenen Problemstellungen selbst Daten zu statistischen Angaben und werten diese aus

Verkaufszahlen rund ums Auto auswerten

1 In den Listen siehst du die Verkaufszahlen der zehn meistgekauften Autos in Deutschland und in der Welt.
Entwickle selbst Fragestellungen und beantworte sie.
Du kannst auch selbst ein kleines Quiz (Quizfragen) zusammenstellen, z. B. „Von einem Modell wurden … Autos weniger verkauft als von …"

Meistverkaufte Autos in Deutschland 2011

Platz	Modell	verkaufte Autos
1	VW Golf	258 059
2	VW Passat	103 507
3	VW Polo	90 720
4	Opel Astra	86 579
5	Mercedes C-Klasse	79 820
6	Opel Corsa	70 152
7	BMW 3er	62 280
8	Ford Focus	61 157
9	BMW 5er	59 756
10	Audi A4	59 056

Quelle: Kraftfahrt-Bundesamt

Meistverkaufte Autos in der Welt 2011

Platz	Modell	verkaufte Autos
1	Toyota Corolla	1 002 000
2	Hyundai Elantra	1 000 000
3	Wuling Sunshine	943 000
4	Ford Focus	919 000
5	Kia Rio	815 000
6	Ford Fiesta	781 000
7	VW Jetta	745 000
8	Toyota Camry	726 000
9	Chevrolet Cruze	691 000
10	VW Golf	648 000

Quelle: de.autoblog.com

2 Der folgende Text war im Internet (de.autoblog.com) zu finden. Erstelle selbst eine Tabelle mit Überschrift.
Berechne Summen und Unterschiede.
Schreibe zu deinen Rechnungen passende Aussagen auf.

Seite 31 Aufgabe 2
...

Im Mai 2012 wurden europaweit knapp 150 000 neue VW verkauft (Mai 2011: 161 100 Fahrzeuge).

Auf den Plätzen zwei und drei folgen Ford (Mai 2012: 88 060 Stück, Mai 2011: 101 324) und Opel (Mai 2012: 83 846 Fahrzeuge, Mai 2011: 95 588).

Die Plätze vier und fünf belegen Renault (Mai 2012: 76 267, Mai 2011: 90 405) und Peugeot (Mai 2012: 75 167, Mai 2011: 90 837).

Audi konnte im Mai 2011 64 373 Neuwagen absetzen und steigerte das Ergebnis im Mai 2012 auf 67 293 Fahrzeuge.

3 Suche im Internet aktuelle Zahlen und vergleiche sie.

⋆ finden zu gegebenen mathematischen Modellen passende Fragestellungen und beantworten diese
⋆ stellen vorgegebene Daten angemessen in einer Tabelle dar und werten diese aus
⋆ recherchieren zu vorgegebenen Problemstellungen selbst Daten aus statistischen Angaben und werten diese aus

Die Maßeinheit Liter kennen lernen

1. Suche in Prospekten, auf Flaschen, Verpackungen, … nach Liter- und Milliliter-Angaben (Angaben mit l oder ml).

   Fertige gemeinsam mit anderen Kindern ein Plakat mit solchen Angaben. Die passenden Bilder und Etiketten kannst du ausschneiden oder selbst zeichnen.

2. Gestalte gemeinsam mit anderen Kindern eine Ausstellung mit leeren Verpackungen, auf denen sich Liter- oder Milliliterangaben befinden. Ordnet die Verpackungen der Größe nach.

3. Erkundige dich bei einem Erwachsenen nach Füllmengen beim Auto. Diese Angaben findest du im Handbuch, meist bei den technischen Daten.

   Schreibe ein Datenblatt und hänge es für andere Kinder in der Klasse auf.

4. Befrage Erwachsene und andere Kinder, mit welchen Hilfsmitteln die Menge von Flüssigkeiten gemessen wird. Stelle deine Ergebnisse mit Hilfe eines Plakates den anderen Kindern vor.

* entnehmen aus Sachsituationen (Materialien und Realsituationen aus ihrem Umfeld) Informationen und ordnen diese
* holen zu einer vorgegebenen Problemstellung selbstständig Informationen ein
* halten ihre Arbeitsergebnisse mit geeigneten Darstellungsformen und auf Präsentationsmedien fest und präsentieren diese

Das Fassungsvermögen schätzen und vergleichen

1 Welches der Gefäße fasst am meisten Wasser, welches am wenigsten?

a) Schätze.

b) Überprüfe deine Vermutung, indem du misst, wie viele mit Wasser gefüllte Jogurtbecher die einzelnen Gefäße fassen. Schreibe deine Ergebnisse auf.

Seite 33 Aufgabe 1
a) ...
b) Dose: ... Becher
⋮

2 Lass aus dem Wasserhahn so viel Wasser in einen großen Eimer laufen, bis du denkst, dass eine Füllmenge von 1 Liter erreicht ist. Überprüfe durch Umfüllen, wie gut du geschätzt hast.

3 Schätze die Füllmengen folgender Gefäße und zeichne Pfeilbilder.

a) fasst mehr als →

Sahnebecher, Wasserflasche, Buttermilch-Becher

Seite 33 Aufgabe 2
a) ... b) ...

b) fasst weniger als →

Badewanne, Mülltonne, Autotank

c) fasst gleich viel wie ↔

Messbecher, Packung Milch, Gießkanne, Shampoo-Flasche

d) Lies auf den Verpackungen die Füllmengen ab oder erfrage die ungefähren Füllmengen der Gefäße und überprüfe deine Schaubilder.

⋆ geben Größen von vertrauten Objekten an und nutzen sie beim Schätzen
⋆ stellen Beziehungen in Pfeilbildern dar

Einheiten umwandeln

	l	100 ml	10 ml	1 ml	
1 l 500 ml =	1	5	0	0	= 1,500 l
750 ml =	0	7	5	0	= 0,750 l
1 ml =	0	0	0	1	= 0,001 l

1 l = 1000 ml = 1,000 l
$\frac{1}{2}$ l = 500 ml = 0,500 l
$\frac{1}{4}$ l = 250 ml = 0,250 l
$\frac{3}{4}$ l = 750 ml = 0,750 l

1 Lies die Flüssigkeitsmenge im Messbecher ab. Notiere dein Ergebnis sowohl in Liter (l) als auch in Milliliter (ml).

Seite 34 Aufgabe 1
a) 250 ml = 0,250 l = $\frac{1}{4}$ l
b) …

a) 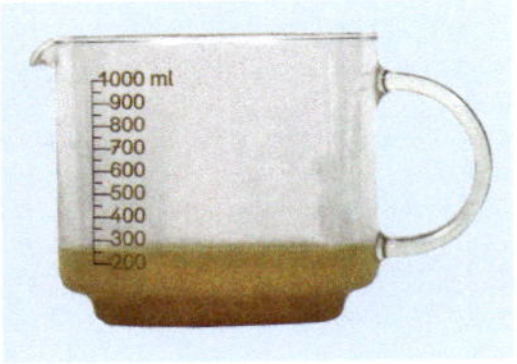
b) 
c) 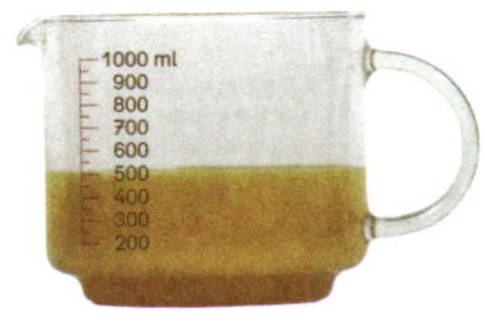
d) 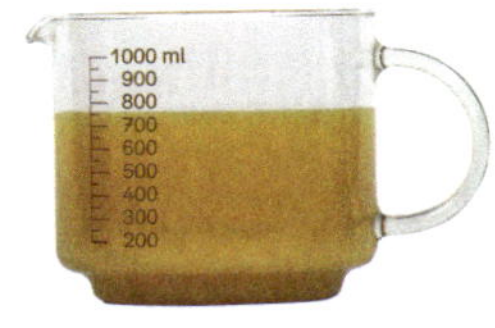

2 Wandle um.

a) Schreibe in Liter.

750 ml; 1 500 ml; 125 ml; 500 ml; 800 ml; 2 l 50 ml; 5 ml; 400 ml; 5 l 300 ml; 2 500 ml

b) Schreibe in Milliliter.

2 l; $\frac{1}{2}$ l; 1,200 l; 0,750 l; 1 l 250 ml; 3 l 200 ml; 6 l; 0,600 l; 0,060 l; 0,006 l

Seite 34 Aufgabe 2
a) 0,750 l; … b) …

3 Ordne die Angaben der Größe nach.

a) $\frac{1}{2}$ l; 10 ml; 2 000 ml; 1,500 l; 750 ml; 1 l

b) 2 500 ml; 3 l; $\frac{3}{4}$ l; 1 700 ml; $3\frac{1}{2}$ l; 300 ml

c) 500 l; 2 500 ml; 250 l; 50 ml; 2,500 l; 500 ml

Seite 34 Aufgabe 3
a) … b) …

4 Finde Angaben mit gleichem Wert.

1,750 l | 750 ml | 700 ml | $\frac{1}{2}$ l | 0,570 l

500 ml | 0,700 l | 570 ml | 1 750 ml | 0,750 l

Seite 34 Aufgabe 4
1,750 l = 1 750 ml
⋮

⋆ verwenden die Einheiten Liter und Milliliter, stellen Größenangaben in unterschiedlichen Schreibweisen dar
⋆ nutzen im Alltag gebräuchliche Bruchzahlen bei Größenangaben, wandeln sie in kleinere Einheiten um

→ AH Seite 28
→ Ü Seite 24

1 Übertrage die Tabellen in dein Heft und fülle sie vollständig aus.

a)

Esslöffel	1	3	9	15	24	100
ml	10					

b)

Wassertropfen	5					
ml	1	20	80	100	250	1 000

c)

kleine Tassen	1		5	15	20	12
l	0,100	1		1,500		

d)

Sahnebecher	1			20	15	
l	0,200	1	10			2

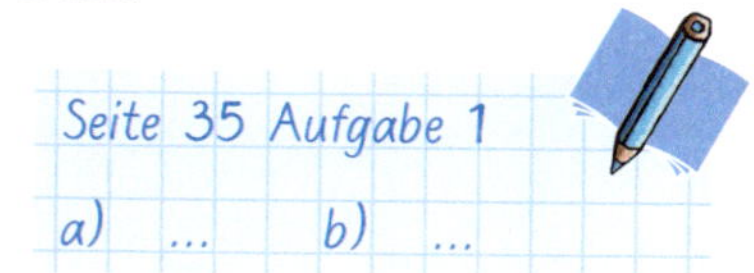

2 Fünf benachbarte Familien bestellen jedes Jahr ihr Heizöl gemeinsam, um einen günstigeren Preis zu erzielen.
Die Heizölfirma kommt mit einem 20 000-l-Tanklastwagen und liefert im 1. Haus 3 200 l, im 2. Haus 2 700 l, im 3. Haus 4 100 l, im 4. Haus 3 250 l und im 5. Haus 2 870 l.

a) Wie viel Liter Heizöl sind anschließend noch im Tankwagen?

b) Weshalb wird deiner Meinung nach der Preis für jeden Haushalt durch die Sammelbestellung günstiger?

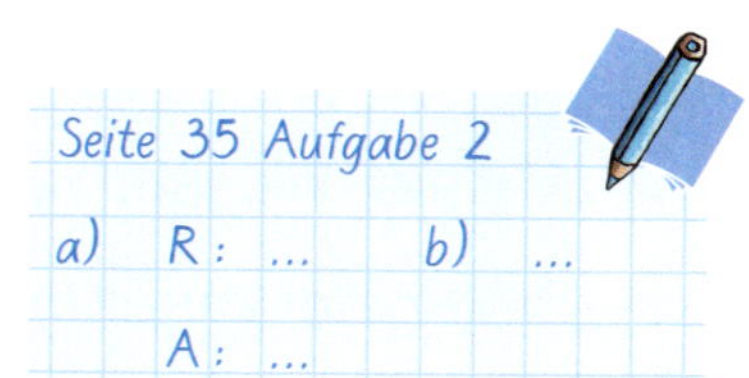

3 Benzin und Diesel sind teuer. Beim Autokauf achten deshalb viele Käufer bei der Wahl ihres Autos auch auf den Treibstoffverbrauch.

a) Lege für die folgenden Modelle eine Tabelle für den Verbrauch auf Fahrten von 300 km, 500 km und 1 000 km Länge an.

Smart Fortwo Diesel:	3,3 l auf 100 km
A-Klasse 180 CDI:	3,9 l auf 100 km
Golf VII 1,6 TDI:	3,8 l auf 100 km

b) Wie hoch sind die Treibstoffkosten bei den drei Fahrzeugen für eine Fahrt von 1 000 km Länge, wenn 1 Liter Diesel 1,50 € kostet?

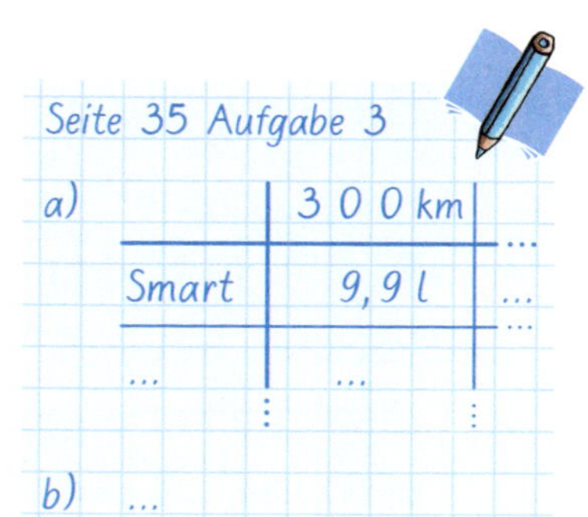

⋆ stellen funktionale Zusammenhänge von Füllmengen unterschiedlicher Gegenstände (Volumina) in Tabellen dar
⋆ übersetzen Problemstellungen aus Sachsituationen in ein mathematisches Modell und lösen sie
⋆ berechnen funktionale Zusammenhänge und stellen diese in einer Tabelle dar

Verstecktes Wasser kennen lernen

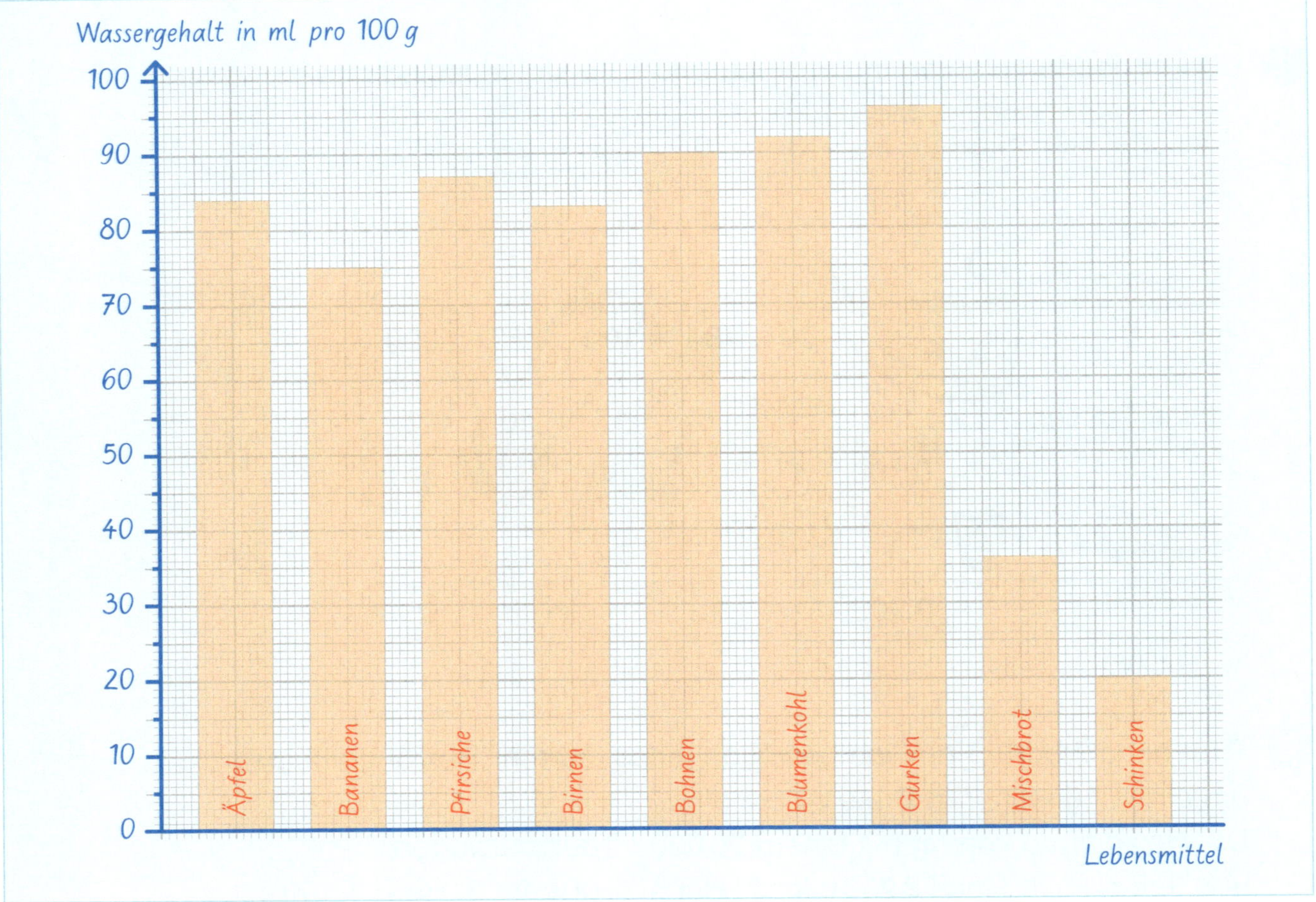

1 Lies im Säulendiagramm ab,
wie viel Wasser in den Lebensmitteln enthalten ist.

a) Stelle die Angaben in einer Tabelle dar.

b) Ergänze in der Tabelle den Wassergehalt
für jeweils 1 kg der Lebensmittel.

2 In deinem Alter solltest du pro Tag
1 bis 1,5 Liter Flüssigkeit zu dir nehmen.
Dazu zählt auch verstecktes Wasser
in Lebensmitteln.

a) Schreibe einen Tag lang auf,
wie viel du trinkst und was du
z. B. an Obst isst. Bestimme die
Flüssigkeitsmenge in ml und
berechne, ob du genügend
Flüssigkeit aufgenommen hast.

b) Vergleiche deine Ergebnisse
mit denen anderer Kinder.

* entnehmen einem Säulendiagramm Daten und übertragen diese in eine Tabelle
* dokumentieren eigene, personenbezogene Werte und vergleichen ihre Ergebnisse mit denen anderer Kinder

1 Für die Produktion von Lebensmitteln und Gegenständen wird direkt und indirekt viel Wasser benötigt. Man nennt dies „virtuelles Wasser“.

Besprich mit anderen Kindern, wie dieser Wasserverbrauch entstehen kann. Auf www.virtuelles-wasser.de gibt es dazu weitere Informationen.

1 kg	Äpfel	700 l	1 Tasse	Kaffee	140 l
1 kg	Erdbeeren	270 l	1 kg	Weizen	1 100 l
1 kg	Bananen	860 l	1 kg	Reis	5 000 l
1 kg	Tomaten	184 l	1 kg	Kartoffeln	133 l
1 kg	Spargel	1 470 l			
1 kg	Mohrrüben	131 l	1	PC	20 000 l
1 l	Apfelsaft	2 700 l	1	Auto	20 000 l bis 400 000 l
1 kg	Schweinefleisch	4 800 l	1	DIN-A4-Blatt Papier	10 l
1 kg	Rindfleisch	15 450 l	1 kg	Leder	16 600 l
1	Ei	200 l	1	Jeans	11 000 l
1 kg	Hühnerfleisch	3 900 l	1	Rose	5 l
1 kg	(1 l) Milch	1 000 l	1	T-Shirt	2 000 l
1 kg	Zucker	1 500 l	1	Unterhose	500 l

2 Überlege und schreibe auf, was du oder was deine Familie von diesen Dingen in einer bestimmten Zeit (Tag, Woche, Monat) benötigt. Bestimme den virtuellen Wasserverbrauch für diese Dinge.

3 Überlege, wie man den virtuellen Wasserverbrauch vermindern kann. Experten nennen dazu auch Begriffe wie „blaues Wasser“ und „graues Wasser“.

4 Gestalte ein Plakat (vielleicht auch mit einem Diagramm) und stelle deine Ergebnisse in der Klasse vor.

Den täglichen Wasserverbrauch von Menschen betrachten

1 Eine Person in Deutschland verbraucht am Tag durchschnittlich etwa 122 l Wasser.

Beantworte die folgenden Fragen mit Hilfe der Abbildung. Schreibe Rechnungen und Antworten in dein Heft.

Seite 38 Aufgabe 1
a) ... b) ...

a) Wenn du alle Einzelangaben addierst, stellst du fest, dass zwischen deinem Ergebnis und dem durchschnittlichen Gesamtverbrauch von 122 l eine Differenz besteht. Wozu benötigst du noch Wasser?

b) Berechne den täglichen Wasserverbrauch für deine Familie.

c) Berechne deinen Wasserverbrauch für zwei Tage, für drei Tage, für die ganze Woche.

d) Wie viel Wasser verbraucht deine Familie etwa in einer Woche?

e) Du nimmst dir vor, jeden Tag fünf Liter Wasser einzusparen. Wo könntest du sparen? Wie viel Liter wären das in einem Jahr?

2 Ein Kind sollte täglich etwa 1,5 Liter trinken.

Seite 38 Aufgabe 2
a) ... b) ...

a) Wie viel Liter trinkst du dann in einer Woche, einem Monat, einem Jahr?

b) Wie viel Liter Flüssigkeit trinkt deine Klasse an einem Tag, an zwei Tagen, in der Schulwoche?

c) Schreibe an einem Tag auf, was du trinkst und wie viel du etwa trinkst. Erstelle einen „Steckbrief“ zu deinem Trinkverhalten. Vergleiche mit anderen Kindern.

* entnehmen Sachsituationen relevante Informationen und übersetzen diese in ein mathematisches Modell
* beantworten Fragestellungen und stellen funktionale Zusammenhänge dar
* dokumentieren eigene, personenbezogene Werte und vergleichen ihre Ergebnisse mit denen anderer Kinder

Interessante Angaben rund ums Wasser kennen lernen

Der Wasserverbrauch pro Person und Tag in Deutschland verändert sich:

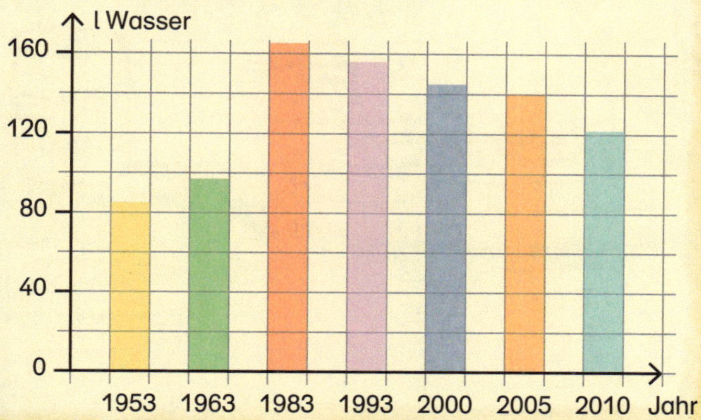

So viel Wasser benötigt

1 Vollbad	ca.	150 l
1 Duschbad (5 Minuten)	ca.	45 l
1 × Wäsche waschen	früher	80 l
	heute ca.	50 l
1 Geschirrspülgang	früher	25 l
	heute	14 l

1 Arbeite und besprich mit einem anderen Kind.

a) Findet Gründe für die Veränderungen des Wasserverbrauchs.

b) Überlegt, mit welchen Maßnahmen der Wasserverbrauch noch mehr reduziert werden kann.

c) Im Internet findet ihr unter www.wdr.de/tv/quarks oder an anderer Stelle einen Wasserverbrauchs-Rechner. Bestimmt mit seiner Hilfe, was ein geringerer Verbrauch, z. B. bei Maschinen, im Jahr einsparen könnte.

d) Stellt weitere interessante Angaben und Aufgaben zum Thema Wasser zusammen.

2 Finde eigene Fragen, Antworten und Begründungen.

Der Wasserverbrauch von Menschen pro Tag ist auf der Erde sehr unterschiedlich: USA: 295 l, Schweiz: 237 l, Italien: 213 l, Deutschland: 122 l, Indien: 25 l.

Ein Elefant im Zoo trinkt täglich etwa 80 l Wasser. Mit seinem Rüssel kann er auf einmal 5 l Wasser aufnehmen.

Ein Kamel kann mehrere Tage ohne Wasseraufnahme leben. Dann kann es aber in 10 Minuten etwa 140 l Wasser trinken.

Ein großer Laubbaum nimmt am Tag etwa 100 l Wasser auf.

Für die Papierherstellung benötigt man viel Wasser:
für 1 t Papier aus Holz: 15 000 l
für 1 t Papier aus Altpapier: 3 000 l
Eintausend Blatt Kopierpapier wiegen etwa 5 kg.

* entnehmen aus Darstellungen Daten und ziehen sie zur Lösung von Fragestellungen heran
* finden zu gegebenen Problemen weitere Fragestellungen und nutzen dazu eigene Recherchen
* erklären und begründen Beziehungen und vollziehen die anderer nach

Rechnungen zu „Wasserspielen“ zusammenstellen

1 Tim und Lea füllen das Planschbecken (200 Liter) von Leas kleiner Schwester mit Wasser. Sie holen das Wasser mit einem 10-l-Eimer und einem 5-l-Eimer aus der Regentonne.

a) Wie oft müsste Tim mit dem 10-l-Eimer zur Regentonne gehen, wenn er alleine das Planschbecken füllen würde?

Seite 40 Aufgabe 1
a) … b) …

b) Wie oft müsste Lea alleine mit dem 5-l-Eimer gehen?

c) Wie oft müssen Tim und Lea gemeinsam zur Regentonne gehen, wenn sie das Becken zusammen füllen?

2 Am Abend benutzt Leas Vater das Wasser aus dem Planschbecken zum Gießen. Zuerst gießt er mit der 10-l-Gießkanne die Gemüsebeete. Er füllt sie sechsmal. Mit dem restlichen Wasser gießt er die Blumenkästen mit der 5-l-Gießkanne.

a) Wie oft kann er die 5-l-Gießkanne füllen?

Seite 40 Aufgabe 2
a) … b) …

b) Wie viel Wasser ist noch im Planschbecken, wenn Leas Vater für die Blumenkästen nur 25 l benötigt?

3 Der Tank von Leas Super-Riesenspritzpistole fasst 0,400 l. Mit jedem Mal Spritzen werden 20 ml verbraucht.

a) Wie viel Wasser enthält der Tank noch, wenn Lea dreimal gespritzt hat?

Seite 40 Aufgabe 3
a) … b) …

b) Wie oft kann Lea spritzen, bis der Tank zur Hälfte geleert ist?

c) Wie viel Wasser ist noch im Tank, wenn Lea 15-mal gespritzt hat?

d) Nach wie vielen Schüssen ist der Tank ganz leer?

e) Wie oft kann Lea mit 1 l Wasser spritzen?

f) Wie oft muss sie nachtanken, bis sie 1 l verbraucht hat?

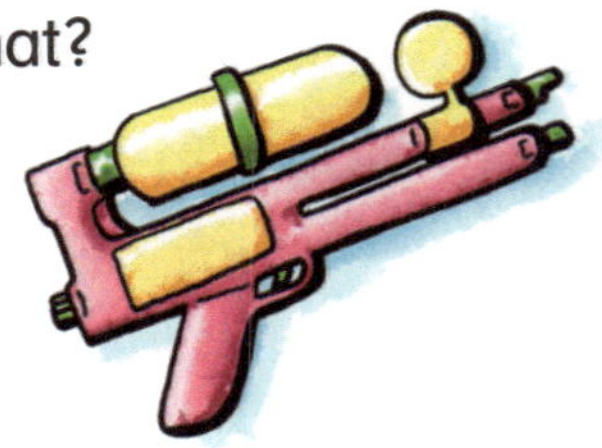

* entnehmen Problemstellungen aus komplexeren Sachaufgaben Informationen, übersetzen diese in mathematische Modelle und lösen sie